FORSCHUNGSBERICHTE DES LANDES NORDRHEIN-WESTFALEN

Nr. 1554

Herausgegeben im Auftrage des Ministerpräsidenten Heinz Kühn
von Staatssekretär Professor Dr. h. c. Dr. E. h. Leo Brandt

Dr. Hans-Werner Eckert
Dr. Gisela Eckert-Reese

Forschungsinstitut der Gesellschaft zur Förderung
der Glimmentladungsforschung e. V., Köln
Direktor: Professor Dr. Gerhard Schmid

Über die Reaktionen von Äthan
in einer Glimmentladung

Springer Fachmedien Wiesbaden GmbH 1970

Verlags-Nr. 011554

© 1970 by Springer Fachmedien Wiesbaden
Ursprünglich erschienen bei Westdeutscher Verlag GmbH, Köln und Opladen 1970.

ISBN 978-3-663-20060-4   ISBN 978-3-663-20417-6 (eBook)
DOI 10.1007/978-3-663-20417-6

Gesamtherstellung: Westdeutscher Verlag

Inhalt

1. Einleitung 5
   1.1 Geschichtliches 5
   1.1.1 Heiße Entladung 5
   1.1.2 Kalte Entladung 5
   1.1.3 Glimmentladung 6
   1.2 Problemstellung 6

2. Qualitative Untersuchung der Umsetzung von Äthan in einer Glimmentladung   7
   2.1 Die Stromversorgung 7
   2.1.1 Gleichstrom 7
   2.1.2 Wechselstrom 8
   2.2 Durchführung der Entladungsversuche 8
   2.3 Aufarbeitung und Identifizierung der Reaktionsprodukte ... 9
   2.3.1 Feste Reaktionsprodukte 9
   2.3.2 Gasförmige Reaktionsprodukte 9
   2.3.3 Flüssige Reaktionsprodukte 9
   2.4 Zusammenstellung der Reaktionsprodukte und Diskussion der qualitativen Ergebnisse 9

3. Quantitative Untersuchung der Umsetzung von Äthan in einer Glimmentladung 11
   3.1 Die Versuchsdurchführung 11
   3.2 Aufbereitung der Reaktionsprodukte 11
   3.3 Darstellung der Ergebnisse 11

4. Diskussion des Reaktionsablaufes in Glimmentladungen 12
   4.1 Primärreaktionen 12
   4.1.1 Ionisation durch Elektronenstoß 13
   4.1.2 Entladung von Ionen 13
   4.1.3 Ionisation durch Photonen 14
   4.2 Sekundärreaktionen 14
   4.2.1 Sekundärreaktionen bei niederen Stromstärken 15
   4.2.2 Sekundärreaktionen bei hohen Stromstärken 15
   4.2.3 Thermische Reaktionen an der Kathode 16

5. Zusammenfassung 16

6. Anhang 16
   6.1 Herstellung großer Mengen von flüssigen Reaktionsprodukten 16
   6.2 Untersuchung der Reaktionen in getrennten Entladungszonen 17

7. Literaturverzeichnis 17

8. Abbildungen 19

Die der vorliegenden Veröffentlichung zugrunde liegenden Ergebnisse wurden im Rahmen von umfangreichen Untersuchungen über das Verhalten von niederen Kohlenwasserstoffen in elektrischen Entladungen in den Jahren 1963 bis 1965 erarbeitet, jedoch von der Gesellschaft zur Förderung der Glimmentladungsforschung e.V., Köln, erst später zur Veröffentlichung freigegeben.

Dem damaligen Direktor des Instituts, Herrn Professor Dr. G. SCHMID sowie Herrn Dr.-Ing. L. HOOPS haben wir für zahlreiche anregende Diskussionen zu danken.

Im April 1968

Dr. H.-W. ECKERT
Dr. G. ECKERT-REESE

1. Einleitung

1.1 Geschichtliches – Einteilung der Entladungen

Mit der Erforschung der chemischen Reaktionen von Kohlenwasserstoffen in elektrischen Entladungen [1–4] ist bereits sehr früh begonnen worden, wobei insbesondere die technisch bedeutsamen Prozesse zur Gewinnung von Acetylen aus Methan in einer Bogenentladung besonderes Interesse gefunden haben.

Wie in einer früheren Arbeit [5] bereits diskutiert wurde, können die elektrischen Entladungen bezüglich ihrer chemischen Wirkung in zwei Gruppen eingeteilt werden:

i) heiße Entladungen, in denen infolge der hohen Temperatur im Entladungsplasma die Primärreaktionen vorwiegend in Anregungen oder Ionisierungen durch thermische Stöße zu erblicken sind, und

ii) kalte Entladungen, in denen die Primärreaktionen Anregungen oder Ionisationen durch Stöße mit energiereichen Elektronen darstellen, während die Gastemperatur wegen des nichtisothermen Charakters des Plasmas verhältnismäßig niedrig bleibt.

1.1.1 Heiße Entladungen

In die Gruppe der heißen Entladungen sind die Funkenentladung und der Lichtbogen einzuordnen, bei denen im Entladungsplasma Temperaturen von 5000°C und höher auftreten können. Als bevorzugte Produkte waren bei Umsatz von *Methan* Abbauprodukte wie Kohlenstoff, Wasserstoff und Methan sowie energiereiche Verbindungen wie Acetylen und dessen Homologe nachgewiesen worden, ferner sind geringe Mengen von Aromaten zu erwarten, die als thermische Sekundärprodukte des Acetylens aufzufassen sind [6, 7]. Der Umsetzungsgrad liegt in derartigen Entladungen sehr hoch, und bei genügender Verweilzeit war eine nahezu vollständige Zersetzung des Methans nachgewiesen worden.

Für *Äthan* wurden bisher nur wenige Untersuchungen vorwiegend qualitativen Charakters durchgeführt; so hat FUGIO [8] gezeigt, daß in einer Funkenentladung Kohlenstoff, Wasserstoff und Acetylen als Hauptprodukte und ferner Methan, Äthylen und geringe Mengen von höheren, nicht identifizierten Kohlenwasserstoffen erhalten werden. Dies Ergebnis wurde von AMEMIYA [9] bestätigt, während BRANDT [10] Acetylen und ein Gemisch von ungesättigten, nicht identifizierten Kohlenwasserstoffen erhielt. ECKERT-REESE und ECKERT [11] haben durch gaschromatographische Auftrennung der Reaktionsprodukte von Äthan in einer in einem geschlossenen, ruhendem System brennenden Funkenentladung neben den Hauptprodukten Kohlenstoff, Wasserstoff, Acetylen und Äthylen noch Methan, Propan, Butan, Pentan, Propen, Propadien, Buten-1, Buten-2, Propin, Butin, Butenin und Butadiin nachweisen können.

1.1.2 Kalte Entladungen

In kalten Entladungen, zu denen die Ozonisatorentladung, die Semicorona und die Corona zählen, liegen die Gastemperaturen im nichtisothermen Plasma insbesondere bei gekühlten Entladungssystemen vorwiegend unter 100°C; im Gegensatz zu heißen Entladungen waren bei *Methan* [5] vorwiegend Aufbaureaktionen unter Bildung von

Paraffinen und Olefinen nachgewiesen worden, während Kohlenstoff und Acetylen nicht oder nur in geringen Mengen erhalten werden.

Der Umsetzungsgrad liegt entsprechend der niederen erzielbaren Stromstärke sehr niedrig, so daß nur bei hohen Verweilzeiten in der Entladungszone größere Produktmengen erhalten werden können.

Die vorliegenden, ebenfalls meist qualitativen Befunde über die Umsetzung von *Äthan* in kalten Entladungen sind in der folgenden Übersicht zusammengestellt:

Autor	Jahr	Entladung	Produkte
BERTHELOT [12]	1876–1890	Ozonisator	H_2, $\underline{CH_4}$, $\underline{Polymeres}$, C_2H_4, C_2H_2
LIND und GLOCKLER [13]	1929	Semi-Corona 18 kV, Transf.	H_2, $\underline{CH_4}$, C_3H_8 und flüss. KW fester Belag an den Wänden, C
LIND und GLOCKLER [14]	1930	Ozonisator 18 kV, Transf.	H_2, $\underline{CH_4}$, C_3H_8, C_4H_{10}, flüss. $\underline{KW}$
SAINT-AUNAY [15]	1933	Ozonisator 50 kV, Transf.	H_2, $\underline{CH_4}$, flüss. KW, C_2H_4, C_2H_2
LIND und SCHULTZE [16]	1938	Ozonisator 16 kV, Transf.	$\underline{H_2}$, $\underline{CH_4}$, C_3H_8, C_4H_{10}, C_5H_{12}, C_2H_4, C_2H_2
PARILL und EVERSOLE [17]	1941	Ozonisator 15 kV, Transf. 75 kV, Indukt.	H_2, $\underline{CH_4}$, C_2H_4

(Hauptprodukte jeweils unterstrichen)

1.1.3 Glimmentladungen

Wie ECKERT und ECKERT-REESE [5] in einer früheren Arbeit gezeigt haben, bildet die stromstarke Glimmentladung einen Übergang zwischen diesen beiden Gruppen, da zwar die Primärreaktionen durch Elektronenstoß unter Bildung von Ionen, angeregten Molekülen und Radikalen erfolgen, andererseits aber thermische Sekundärreaktionen – insbesondere an ungekühlten Elektroden, an denen bei hohen Stromdichten Temperaturen bis zu 600°C auftreten können, nicht ausgeschlossen werden können, worauf zuvor bereits KOLLER [18] hingewiesen hatte.

Aus der Literatur ist über das Verhalten von Äthan in Glimmentladungen kaum etwas bekannt. BALANDIN [19] hat als Reaktionsprodukte Wasserstoff und ein Polymeres nachgewiesen. LOUVAT [20] fand in einer HF-Entladung Methan, Propan, Butan, Methylpropan, Äthylen und Acetylen, während VASTOLA [21] in einer HF-Entladung Wasserstoff, Methan, Äthylen, Acetylen und ein Polymeres nachweisen konnte.

1.2 Problemstellung

Aus der Hypothese, daß die Glimmentladung eine Übergangsstellung zwischen den großen Gruppen der kalten und heißen Entladungen bildet und demnach eine Vorhersage der Reaktionsprodukte kaum möglich, sondern eine starke Abhängigkeit von den Reaktionsbedingungen zu erwarten ist, ergibt sich die Problemstellung der vorliegenden Arbeit.

i) Es sollen zunächst die beim Durchgang von Äthan durch eine Glimmentladung gebildeten Produkte ihrer Art nach bestimmt werden und

ii) soll der Einfluß der Stromstärke, d. h. der Ladungsträgerdichte im Plasma auf den Zersetzungsgrad und die Produktverteilung untersucht werden.

Damit wollen wir den Versuch machen, eine offensichtliche Lücke in den bisherigen Forschungsergebnissen zu schließen und andererseits eine Grundlage für einen Vergleich mit der Zersetzung von Äthan durch ionisierende Strahlen, bei der die Primärreaktionen meist analog zur Glimmentladung durch Elektronenstoß erfolgt, und die in neuerer Zeit zunehmendes Interesse gefunden hat, zu schaffen.

2. Qualitative Untersuchung der Umsetzung von Äthan in einer Glimmentladung

Für unsere Untersuchungen haben wir eine Anordnung gewählt, bei der eine hohe Strömungsgeschwindigkeit des Gases durch das Entladungsplasma erzielt und damit die Verweilzeit gering gehalten wurde.
Um die Stromstärke bis zu 1 A aufwärts unter Erhalt einer stabilen Entladung variieren zu können, haben wir Hohlelektroden eingesetzt, deren Wirkungsweise von KÖLBEL [22] eingehend beschrieben wurde.
Die Versuche wurden teilweise mit einer Gleichstrom- und teilweise mit einer Wechselstromglimmentladung (allg. hierzu [4, 23, 24]) durchgeführt; als wesentlich ist hierzu zu nennen, daß bei Betrieb mit Wechselstrom die Elektroden sich in ihrer Funktion als Kathode und Anode ablösen, wodurch die Elektrodentemperatur niedriger bleibt, und andererseits die Wanderungsrichtung der Ladungsträger im Plasma laufend umgekehrt wird.

2.1 Die Stromversorgung

In den Abb. 1 und 2 (Seite 19) sind die elektrischen Schaltungen dargestellt, die unabhängig vom sonstigen Aufbau der Versuchsanordnungen stets gleich blieben.

2.1.1 *Gleichstrom*

Als Stromquelle diente ein Dreiphasen-Einweg-Gleichrichter G (Abb. 1) mit gittergesteuerten Thyratrons und einer Spitzenspannung von 3 kV. Die Feinregulierung des Stromes erfolgte mit zwei Regelwiderständen R von je 500 Ω. In den Stromkreis sind drei Voltmeter V (0,6; 1,2 und 2,5 kV) und drei Amperemeter A (0,25; 0,6 und 2,5 A) parallel eingebaut, die nach Bedarf eingeschaltet wurden.
Wegen des nicht sinusförmigen Spannungs- und Stromverlaufes wurden Dreheiseninstrumente eingesetzt, obwohl eine völlig exakte Messung an sich nur mit einem Zweikanaloszillographen und anschließender Auswertung der Spannungs-Zeit- bzw. der Strom-Zeit-Kurven möglich wäre. Ein Vergleich hat indessen gezeigt, daß die genannten Meßinstrumente genügend genau arbeiten. Zusätzlich wurde in den Hochspannungskreis noch ein Überstrom-Schnellschalter mit verstellbarem Stromgrenzwert eingebaut, der bei einem etwaigen Durchschlag eines Lichtbogens den Stromfluß momentan unterbricht und so Entladungsrohr und Thyratrons vor Überlastung schützt.

2.1.2 Wechselstrom

Die von einem an Netzspannung liegenden Regeltransformator T (Abb. 2) abgegriffene Teilspannung wird mittels eines Hochspannungstransformators H im Verhältnis 1:12,5 hochtransformiert. Die Feinregulierung erfolgte ebenfalls mit zwei Regelwiderständen R von je 500 Ω. Im Hochspannungskreis wurden drei Amperemeter A (0,25; 0,6 und 2,5 A) parallel eingebaut, die nach Bedarf eingeschaltet wurden. In den Niederspannungskreis wurde zusätzlich eine Überstromsicherung eingesetzt.

2.2 Durchführung der Entladungsversuche

Die für die allgemeinen qualitativen Untersuchungen eingesetzte Versuchsanordnung ist in Abb. 3 (Seite 20) schematisch dargestellt. Das von der Vorratsflasche F_1 kommende Äthan geht zunächst durch einen Strömungsmesser S – dem ein Ausgleichsmanometer N nachgeschaltet ist – und zwei Trockentürme Q. Nach Passieren des Regelventils R, das zur Einstellung der Durchflußmenge dient, wird das Äthan in das Entladungsrohr E eingeblasen.

Das wassergekühlte Entladungsrohr ist schematisch in der Abb. 4 (Seite 21) dargestellt. Es hat eine Länge von 60 cm und einen Innendurchmesser von 2 cm. Die verwendeten, verschiebbar angeordneten Elektroden sind aus V2A-Stahl, für Stromstärken $I < 0,4$ A wurden Massivelektroden (Länge 15 mm, Durchmesser 15 mm), für Stromstärken $I \geq 0,4$ A Hohlelektroden (Länge 100 mm, Durchmesser außen 15 mm, innen 12 mm) eingesetzt. Die Elektroden wurden in der Regel so eingestellt, daß ein Elektrodenabstand a von 20 cm resultierte.

Das Äthan wird so in das Entladungsrohr eingeblasen, daß es – bei Betrieb mit Gleichstrom – unterhalb der Kathode K eintritt und das Entladungsrohr E oberhalb der Anode A verläßt. Das Gas passiert hierbei zunächst die kathodischen Entladungsteile mit dem intensiv hell violett leuchtenden negativen Glimmlicht, anschließend die über den ganzen Querschnitt violett leuchtende positive Säule und zuletzt das anodische Entladungsgebiet.

Zur Einstellung der Versuchsbedingungen werden zunächst die Ventile V_2 und V_3 (Abb. 3) geschlossen und das Ventil V_1 geöffnet; das Gas gelangt dann unmittelbar durch ein Drosselventil D, mit dem durch Querschnittsveränderung der Saugleitung der Druck in der Versuchsanordnung eingestellt wird, zur Vakuumpumpe P. Die Druckmessung erfolgt mit einem Membranvakuummeter T am Kopf des Entladungsrohres E.

Für die qualitativen Untersuchungen haben sich folgende Versuchsbedingungen als günstig erwiesen:

Spannung U	1100 V (=)
Stromstärke I	1,0 A
Durchflußmenge Q	0,2 Nl/min
Druck P	3,0 Torr

Nach Einstellung der Versuchsbedingungen und gleichbleibendem Verlauf der Entladung wird das Ventil V_1 geschlossen und die Ventile V_2 und V_3 geöffnet, das Gas passiert dann zwei Kühlfallen X mit großer Kühlfläche, in denen durch Kühlung mit flüssigem Stickstoff die flüchtigen Reaktionsprodukte – mit Ausnahme von Methan und Wasserstoff – sowie das überschüssige Äthan ausgefroren werden. Hinter der Vakuumpumpe P ist eine Gassammelröhre Z angeordnet, in der nach Schließen des Ventils V_7 die nicht kondensierten Produkte (Methan und Wasserstoff) aufgefangen werden können.

2.3 Aufarbeitung und Identifizierung der Reaktionsprodukte

Beim Durchgang von Äthan durch die in der beschriebenen Anordnung brennende Glimmentladung bilden sich feste, flüssige und gasförmige Produkte (bezogen auf 25°C).

2.3.1 Feste Reaktionsprodukte

Auf der Kathode scheidet sich fein verteilter Kohlenstoff, der im Laufe des Versuches teilweise glühend abgesprüht wird, ab.

An der wassergekühlten Wand des Entladungsrohres wird gleichzeitig ein gelblicher bis brauner Festkörper abgeschieden, wie dies ähnlich bereits von BALANDIN [19] und VASTOLA [21] beobachtet worden war. Dieser erwies sich als sehr schwer bis unlöslich in den gängigen organischen Lösungsmitteln – Benzol, Chloroform, Diäthyläther, Tetrahydrofuran, Essigsäurebutylester und Dimethylformamid –, was auf einen hohen Vernetzungsgrad hinweis.

Das IR-Spektrum dieses Festkörpers, welches in Abb. 5 (Seite 22) dargestellt ist, zeigt große Ähnlichkeit mit dem, welches BROCKES und KAISER [25] für ein elektronenbestrahltes Polyäthylen erhielten, entspricht jedoch nach HUMMEL [26] eher dem jenes hochvernetzten Kohlenwasserstoffharzes, welches allgemein als »X-harz« bezeichnet wird.

2.3.2 Gasförmige Reaktionsprodukte

Die flüchtigen Reaktionsprodukte – außer Methan und Wasserstoff – werden in den Kühlfallen X (Abb. 3) kondensiert.

Nach Beendigung des Versuches werden die Ventile V_2 und V_3 geschlossen und die Produkte nach Öffnen des Ventiles V_5 unter Einsatz eines Warmluftgebläses in das evakuierte Gassammelgefäß Y verdampft. Zum Übertreiben der letzten Reste werden die Kühlfallen abschließend mit Helium (aus der Vorratsflasche F_2) gespült.

Das so erhaltene Gasgemisch wird IR-spektrographisch und gaschromatographisch untersucht. Einzelheiten des Analysenverfahrens wurden bereits früher [5] eingehend beschrieben. Beispiele für die Chromatogramme sind in den Abb. 6 und 7 (Seiten 23 u. 24) dargestellt.

2.3.3 Flüssige Reaktionsprodukte

Nach dem Verdampfen der gasförmigen Reaktionsprodukte bleiben geringe Mengen von schwerflüchtigen Verbindungen in den Kühlfallen X zurück.

Dieses Produktgemisch neigt in reinem Zustand zu einer spontanen, exothermen Zersetzung, die vermutlich auf die Anwesenheit geringer Teile von Hexadien-1,2-in-5, Hexadien-1,5-in-3 oder Hexatriin-1,3,5 zurückzuführen ist (s. hierzu [6, 7]).

Daher wurden die Produkte jeweils in Diäthyläther, der aus dem Kolben W (s. Abb. 3) überdestilliert wurde, aufgenommen. Ein Gaschromatogramm einer derartigen ätherischen Lösung ist in Abb. 8 (Seite 25) dargestellt.

Bei einem Gemisch von höheren Kohlenwasserstoffen kann eine Identifizierung nicht mehr durch Vergleich der Retentionszeiten oder durch Zusatz von Testverbindungen zum Gemisch durchgeführt werden.

In einer modifizierten Versuchsanordnung, die im Anhang 6.1. näher beschrieben wird, wurden daher größere Mengen der Produkte hergestellt, diese präparativ-gaschromatographisch aufgetrennt und die IR-Spektren der abgetrennten Komponenten mit denen von Testverbindungen verglichen.

2.4 Zusammenstellung der Reaktionsprodukte und Diskussion der qualitativen Ergebnisse

Beim Durchgang von Äthan durch alle Entladungsbereiche einer Glimmentladung bilden sich feste, flüssige und gasförmige Reaktionsprodukte, von denen folgende identifiziert werden konnten:

i) *Feste Reaktionsprodukte*
   Kohlenstoff, Kohlenwasserstoffharz

ii) *Flüssige Reaktionsprodukte*
   Hexin-1, Benzol, Toluol, Äthylbenzol, Styrol, Phenylacetylen, Xylol

iii) *Gasförmige Reaktionsprodukte*
   Wasserstoff

Methan	Äthylen	Acetylen
Propan	Propen	Propin
	Propadien	
Butan	Buten-1	Butin-1
	Buten-2 cis	Butenin
	Buten-2 trans	Butadiin
	Methylpropen	
Pentan	3-Methylbuten-1	Pentin-1
2-Methylbutan		3-Methylbutin-1

In größeren Mengen treten hierbei die festen Reaktionsprodukte und Wasserstoff sowie die C_1—C_4-Kohlenwasserstoffe auf, während die höheren Kohlenwasserstoffe nur noch als Spuren nachgewiesen werden konnten.

Bemerkenswert ist das Nebeneinanderauftreten von höheren Alkanen und Alkenen einerseits sowie von Acetylen und seinen Homologen andererseits, welches qualitativ die eingangs getroffene Hypothese von der Zwischenstellung der Glimmentladung bestätigt.

Für die später erfolgende Diskussion des Reaktionsablaufes war noch die Frage von Interesse, ob bestimmte Reaktionsprodukte an definierte Entladungsgebiete gebunden sind. Klar herausgestellt wurde dies bereits für die festen Reaktionsprodukte Kohlenstoff, welcher nur auf der Kathode und Kohlenwasserstoffharz, welches nur an der Wand des Entladungsrohres gebildet wird.

Aus der Tatsache, daß aromatische Kohlenwasserstoffe in besonders großem Anteil in einer Anordnung ohne positive Säule erhalten wurden (s. 6.1) und ECKERT-REESE [27] andererseits in einer Anordnung mit Glühelektrode, in der der Gasstrom die Kathode nicht berührte, keine aromatischen Kohlenwasserstoffe nachweisen konnte, lag die Vermutung nahe, daß die Bildung der Aromaten an die Kathode bzw. die kathodischen Entladungsteile gebunden ist. Durch Versuche mit einer speziellen Anordnung mit einer geteilten positiven Säule, die in Anhang 6.2 kurz dargestellt ist, konnte dies bestätigt werden.

3. Quantitative Untersuchung der Umsetzung von Äthan in einer Glimmentladung

Der Zersetzungsgrad von Kohlenwasserstoffen ist von zahlreichen Parametern abhängig [28], von denen insbesondere der Druck, die Durchflußmenge und der Elektrodenabstand zu nennen sind. Die Produktverteilung, die einen Hinweis auf den Reaktionsablauf in der Entladung gibt, ist hingegen fast ausschließlich durch die Stromstärke, d. h. die Elektronendichte im Plasma bestimmt. In einer Versuchsreihe haben wir daher die Stromstärke variiert, während die übrigen Parameter konstant gehalten wurden:

Durchmesser des Entladungsrohres d	2 cm
Elektrodenabstand a	20 cm
Druck P	3,0 Torr
Durchflußmenge Q	0,2 Nl/min
Versuchsdauer Z	30 min

3.1 Die Versuchsdurchführung

Die Versuchsanordnung wurde gegenüber der weiter vorne beschriebenen geringfügig abgeändert und ist schematisch in der folgenden Abb. 9 (Seite 26) dargestellt.
Wie hieraus deutlich wird, geht das von der Vorratsflasche F_1 kommende Äthan zunächst durch einen Strömungsmesser S – dem ein Ausgleichsmanometer nachgeschaltet ist – und zwei Trockentürme Q. Nach Passieren des Regelventils R wird das Äthan in das Entladungsrohr E unterhalb der einen Elektrode eingeblasen. Das Äthan durchströmt dann die Entladung und das resultierende Gasgemisch passiert nach Verlassen der Entladungszone zwei Kühlfallen X, wo die flüchtigen Reaktionsprodukte außer Methan und Wasserstoff ausgefroren werden. Das Restgas geht dann durch ein Drosselventil D zur Vakuumpumpe P, hinter der ein Gasometer Z angeordnet ist, in dem die nicht ausfrierbaren Produkte Wasserstoff und Methan aufgefangen werden.

3.2 Aufbereitung der Reaktionsprodukte

Nach Beendigung des Versuches wird das Volumen des im Gasometer Z befindlichen Methans und Wasserstoffs gemessen und daraus die Ausbeute η_1, bezogen auf eingesetztes Äthan errechnet.
Nach Schließen der Ventile V_2 und V_3 und Öffnen des Ventiles V_4 werden die in den Kühlfallen X ausgefrorenen Produkte unter Einsatz eines Warmluftgebläses in das evakuierte Gassammelgefäß Y verdampft. Das Volumen der Produkte wird aus dem Druck (Messung mit Manometer M) und dem Volumen des Systems errechnet und daraus die Ausbeute η_2, bezogen auf eingesetztes Äthan errechnet.
Die Produktreste wurden dann mit Helium (aus der Vorratsflasche F_2) aus den Kühlfallen X in das Gassammelgefäß Y übergetrieben und in dem resultierenden Gemisch die Einzelkomponenten quantitativ gaschromatographisch bestimmt.

3.3 Darstellung der Ergebnisse

In den folgenden Abb. 10 und 11 (Seite 27) sind zunächst die Ausbeuten η_x in Abhängigkeit von der Stromstärke dargestellt. Hieraus wird deutlich, daß mit steigender Stromstärke der Anteil an nichtkondensierbaren Produkten (Wasserstoff und Methan) rasch zunimmt, während gleichzeitig die Menge an kondensierbarem Gas bis unter 30% der eingesetzten Äthanmenge absinkt.

In den Abb. 12–17 ist die prozentuale Zusammensetzung des ausgefrorenen Produktgemisches dargestellt, wobei alle Produkte, deren Anteil über 0,1 Vol.-% lag, berücksichtigt wurden; die in Spuren auftretenden C_5-Kohlenwasserstoffe wurden nicht mit einbezogen.

Aus den Abb. 12 und 13 wird deutlich, daß der Umsetzungsgrad des Äthans bei niederer Stromstärke sehr niedrig liegt, jedoch mit steigender Stromstärke sehr schnell anwächst, so daß bei einer Stromstärke von 1 A nur noch etwa 5% des Äthans umumgesetzt bleiben.

Eine Betrachtung der Diagramme 12–17 zeigt ferner, daß die Funktionen c. = f(I) für alle Reaktionsprodukte mit Ausnahme von Acetylen, dessen Funktion kontinuierlich über den ganzen Bereich ansteigt, markante Maxima aufweisen, die bei niederer Stromstärke für Alkane, bei mittlerer für Alkene und bei hoher Stromstärke schließlich für höhere Alkine erreicht werden.

Aus den Abb. 18 und 19 (Seite 31), in denen die Summenanteile dieser Verbindungsgruppen dargestellt sind, wird dieses Verhalten besonders deutlich.

Bei niederen Stromstärken werden bei niederem Umsetzungsgrad nebeneinander Alkane, Alkene und Acetylen (etwa zu gleichen Teilen) erhalten, während höhere Alkine nicht nachgewiesen wurden. Bei hoher Stromstärke bildet bei hohem Umsetzungsgrad Acetylen das Hauptprodukt, gefolgt von den höheren Alkinen, während Alkane unter einen Anteil von 1% abgefallen sind.

Die eingangs ausgesprochene Hypothese, wonach die stromstarke Glimmentladung als Übergangstyp zwischen der Gruppe der kalten Entladungen – Ozonisator, Semicorona und Corona – und der Gruppe der heißen Entladungen – Funken und Lichtbogen – einzuordnen ist und je nach Stromstärke, d. h. Ladungsträgerdichte im Plasma die Produktverteilung variieren muß, konnte demnach voll bestätigt werden.

4. Diskussion des Reaktionsablaufes in Glimmentladungen

In der abschließenden Betrachtung über den möglichen Reaktionsablauf in einer Glimmentladung sollen vorwiegend jene chemischen Prozesse besprochen werden, die durch den Mechanismus der Entladung [4, 23, 24] selbst bedingt sind. Die üblichen Radikalreaktionen, wie sie in heißen Gasen allgemein auftreten [29], sollen nur am Rande erwähnt werden.

4.1 Primärreaktionen

Bei den Primärreaktionen sind insbesondere die Ionisation und Anregung von Neutralmolekülen durch Elektronenstoß und die Neutralisation von Ionen durch Elektroneneinfang zu berücksichtigen.

4.1.1 Ionisation durch Elektronenstoß

Der wesentliche Primärprozeß ist eine Ionisation durch Zusammenstoß eines Neutralmoleküls mit einem energiereichen Elektron (im Kathodenfall der Entladung können Energien bis etwa 200 eV erreicht werden):

$$R + e^- \rightarrow R^+ + 2\,e^- \qquad (I)$$

Wie massenspektroskopische Untersuchungen gezeigt [30, 31, 32] haben, werden in Äthan vorwiegend folgende Prozesse ablaufen:

$$C_2H_6 + e^- \begin{cases} C_2H_6^+ + 2\,e^- & (II) \quad (10{,}4\%) \\ C_2H_5^+ + 2\,e^- + H & (III) \quad (14{,}0\%) \\ C_2H_4^+ + 2\,e^- + H_2 & (IV) \quad (47{,}3\%) \\ C_2H_3^+ + 2\,e^- + H_2 + H & (V) \quad (13{,}9\%) \\ C_2H_2^+ + 2\,e^- + 2\,H_2 & (VI) \quad (9{,}3\%) \end{cases}$$

Die angegebene Ionenverteilung wurde von MELTON [33] mit Elektronen von 75 eV erhalten.

Die gleichen Primärprozesse wurden auch von STIEF und AUSLOOS [34], DORFMAN [35] sowie von WILLIAMS und ESSEX [36] zur Deutung der strahlenchemischen Zersetzung von Äthan angenommen; hierbei ist die molekulare Abspaltung des Wasserstoffs in den Prozessen (IV) bis (VI) besonders zu erwähnen, der von DORFMAN [35] experimentell nachgewiesen wurde.

4.1.2 Entladung von Ionen

Ein zweiter durch die Entladung bedingter Prozeß ist die Entladung von Ionen an der Kathode unter gleichzeitiger Auslösung von zusätzlichen Elektronen

$$R^+ + e^- + M \rightarrow R + M \qquad (VII)$$

wobei von besonderer Bedeutung wahrscheinlich der Prozeß

$$C_2^+ + e^- + M \rightarrow C + M \qquad (VIII)$$

unter Ausbildung der beobachteten Kohlenstoffschicht sein dürfte.

Weitere Ionen werden bereits im Gasraum entladen; dies kann in einem Dreierstoß unter Ausbildung eines Radikals und Abführung der Energie durch den dritten Stoßpartner erfolgen:

$$R^+ + e^- + X \rightarrow R + X \qquad (IX)$$

oder aber in einem einfachen Stoß, der zu hoch energiereichen Radikalen führt:

$$R^+ + e^- \rightarrow R^* \qquad (X)$$

die entweder die überschüssige Energie durch Strahlung abgeben können oder aber sofort in kleinere Partikel zerfallen, wobei als Beispiel der Zerfall des $C_2H_5^+$ angeführt werden soll [37]:

$$C_2H_5^+ + e^- \rightarrow C_2H_5^* \begin{array}{l} \nearrow C_2H_4 + H \\ \rightarrow C_2H_3 + H_2 \\ \searrow C_2H_2 + H_2 + H \end{array} \qquad (XI)$$

Die Ionen $C_2H_4^+$, $C_2H_3^+$ und $C_2H_2^+$ werden nach analogen Prozessen aufgespalten.

Ein Teil der Ionen geht infolge der ambipolaren Diffusion im quasineutralen Plasma der positiven Säule an die Wand des Entladungsrohres und wird dort unter Übertragung der überschüssigen Energie auf die Wand entladen:

$$R^+ + e^- + M \rightarrow R + M \qquad (XII)$$

Von besonderer Bedeutung dürfte hier der Prozeß

$$C_2H_4^+ + e^- + M \rightarrow C_2H_4^* + M \qquad (XIII)$$

sein, wobei sich das gebildete Äthylidenradikal entweder zu Äthylen umlagern oder unter Polymerisation in das beobachtete Kohlenwasserstoffharz übergehen kann. Weitere Prozesse sind:

$$C_2H_5^+ + e^- + M \rightarrow C_2H_5 + M \qquad (XIV)$$

$$C_2H_3^+ + e^- + M \rightarrow C_2H_3 + M \qquad (XV)$$

$$C_2H_2^+ + e^- + M \rightarrow C_2H_2 + M \qquad (XVI)$$

4.1.3 Ionisation durch Photonen

Für die im Kathodenfall beschleunigten Elektronen wirkt das Gebiet des negativen Glimmlichtes wie eine gasförmige Antikathode. Die bei der Abbremsung ausgesandten Photonen (über UV bis zu weicher Röntgenstrahlung) können in bekannter Weise eine Photoionisierung oder Photoanregung bewirken. Hierbei werden die gleichen Ionen erzeugt, die bereits unter 4.1.1 erwähnt wurden [37].

4.1.4 Anregung durch Elektronenstoß

Außer der Ionisierung durch Elektronenstoß ist noch eine Anregung des Äthanmoleküls durch langsame Elektronen zu berücksichtigen [36, 38, 39], wobei das angeregte Molekül anschließend in C_2H_5- und CH_3-Radikale zerfallen kann.

$$C_2H_6 \xrightarrow{e^-} C_2H_6^* \begin{array}{c} \nearrow C_2H_5 + H \\ \searrow 2\,CH_3 \end{array} \qquad (XVII)$$

Aus den erwähnten Primärprozessen ist bereits ersichtlich, daß als Produkte Wasserstoff, Kohlenstoff, Äthylen und Acetylen erhalten werden.

4.2 Sekundärreaktionen

Für die Erklärung der übrigen Reaktionsprodukte müssen teilweise komplizierte Sekundärreaktionen herangezogen werden; die Schwierigkeit liegt vor allem darin, daß über die im Entladungsplasma gebildeten Sekundärionen nur wenig bekannt ist, nach KNEWSTUBB [40] wurden beispielsweise für Methan im negativen Glimmlicht Ionen bis zu einer Massenzahl 100 nachgewiesen, wobei das Schwergewicht bei den Ionen der C_3- bis C_4-Kohlenwasserstoffe lag.

Aus massenspektrographischen Untersuchungen bei höheren Drucken sind hingegen einige Sekundärreaktionen bekannt, die zur Erklärung der Vorgänge in der Glimmentladung herangezogen werden können, wobei der Vorbehalt zu machen ist, daß der Druck hier höher liegt und daß die Ladungsträgerdichte ebenfalls höher sein dürfte.

4.2.1 Sekundärreaktionen bei niederen Stromstärken

Bei niederen Stromstärken (0,1 A) (s. Abb. 12 und 17) kommt für Sekundärreaktionen vorwiegend ein Stoß Primärpartikel–Äthanmolekül in Frage.

Hierbei treten zunächst einfache Umladungsreaktionen auf [38, 41]

$$C_2H_4^+ + C_2H_6 \rightarrow C_2H_4 + C_2H_6^+$$
$$C_2H_2^+ + C_2H_6 \rightarrow C_2H_2 + C_2H_6^+ \quad \text{(XVIII)}$$

die wieder zum Äthylen und Acetylen führen.

FUCHS [42] konnte im Massenspektrum des Äthans neben den weiter oben genannten Ionen noch Ionen der Massen 41, 42, 43 und 55 nachweisen, die durch folgende Reaktionen gebildet werden:

$$C_2H_3^+ + C_2H_6 \rightarrow C_3H_5^+ + CH_4 \quad \text{(XIX)}$$
$$C_2H_2^+ + C_2H_6 \rightarrow C_3H_5^+ + CH_3 \quad \text{(XX)}$$
$$C_2H_4^+ + C_2H_6 \rightarrow C_3H_6^+ + CH_4 \quad \text{(XXI)}$$
$$C_2H_4^+ + C_2H_6 \rightarrow C_3H_7^+ + CH_3 \quad \text{(XXII)}$$
$$C_2H_3^+ + C_2H_6 \rightarrow C_4H_7^+ + H_2 \quad \text{(XXIII)}$$
$$C_2H_2^+ + C_2H_6 \rightarrow C_4H_7^+ + H \quad \text{(XXIV)}$$

Der Prozeß (XIX) wurde bereits von einigen Autoren [34, 35, 43] zur Deutung der Methanbildung bei der strahlenchemischen Zersetzung von Äthan herangezogen; zusätzlich ist hierbei noch die Reaktion

$$C_2H_6 + CH_3 \rightarrow CH_4 + C_2H_5 \quad \text{(XXV)}$$

beteiligt [35, 39]. Die Prozesse (XXI) und (XXII) werden zum Propen und die Reaktionen (XXIII) und (XXIV) zum Buten führen.

Neben diesen Ion-Molekül-Reaktionen sind noch Radikalreaktionen vom Typ

$$C_2H_5 + CH_3 + M \rightarrow C_3H_8 + M \quad \text{(XXVI)}$$
$$C_2H_5 + C_2H_5 + M \rightarrow C_4H_{10} + M \quad \text{(XXVII)}$$

zu berücksichtigen [36, 39, 44].

Aus dem Vorhergesagten wird deutlich, daß bei Berücksichtigung der Primärreaktionen des Äthans und der Sekundärreaktionen der Ionen und Radikale mit dem überschüssigen Äthan folgende Hauptprodukte zu erwarten sind:
H_2, CH_4, C_2H_4, C_2H_2, C_3H_8, C_3H_6, C_4H_{10} und C_4H_8, was in Übereinstimmung mit dem Experiment steht.

4.2.2 Sekundärreaktionen bei hohen Stromstärken

Bei höheren Stromstärken (1,0 A) liegen die Verhältnisse noch wesentlich komplizierter, da hier zusätzlich Sekundärreaktionen mit den in größerer Konzentration vorhandenen Produkten Acetylen, Äthylen und Methan zu erwarten sind, so daß eine schlüssige Deutung nicht mehr möglich ist.
Als Beispiel sollen die von BARKER [44] und FUCHS [42] nachgewiesenen Reaktionen des $C_2H_2^+$-Ions mit Acetylen

$$C_2H_2^+ + C_2H_2 \rightarrow C_4H_2^+ + H_2 \quad \text{(XXVIII)}$$
$$C_2H_2^+ + C_2H_2 \rightarrow C_4H_3^+ + H \quad \text{(XXIX)}$$

und die von BARKER [44] ermittelten Reaktionen des $C_2H_2^+$-Ions mit Methan

$$C_2H_2^+ + CH_4 \rightarrow C_3H_4^+ + H_2 \qquad \text{(XXX)}$$

$$C_2H_2^+ + CH_4 \rightarrow C_3H_5^+ + H \qquad \text{(XXXI)}$$

angeführt werden, die eine Erklärung für die bei höheren Stromstärken in nicht unbeträchtlicher Menge auftretenden Produkte Butadiin und Propin liefern, während das ebenfalls auftretende Butenin wahrscheinlich über ein angeregtes Acetylenmolekül gebildet wird [29].

$$C_2H_2^* + C_2H_2 \rightarrow C_4H_4 \qquad \text{(XXXII)}$$

4.2.3 Thermische Reaktionen an der Kathode

Die in der Entladung gebildeten Spuren aromatischer Kohlenwasserstoffe werden vermutlich durch thermische Reaktionen des Acetylens an der heißen Kathode gebildet, wofür spricht, daß keine Aromaten erhalten werden, wenn der Gasstrom nicht mit der Kathodenoberfläche in Kontakt kommt, wie in Versuchen mit einer entsprechend modifizierten Anordnung gezeigt wurde.

5. Zusammenfassung

Äthan wurde einer Glimmentladung unterworfen, wobei durch Verwendung von Hohlelektroden Stromstärken bis zu 1 A erreicht wurden.
Die gebildeten Reaktionsprodukte wurden IR-spektrographisch und gaschromatographisch untersucht. Als Hauptprodukte wurden Wasserstoff, Methan, Äthylen und Acetylen erhalten, daneben resultierte ein Gemisch von höheren aliphatischen und aromatischen Kohlenwasserstoffen, in dem 25 Komponenten identifiziert wurden. Ferner bildet sich Kohlenstoff und ein hochvernetztes Kohlenwasserstoffharz. Der Einfluß der Stromstärke auf die Menge der Reaktionsprodukte wurde untersucht, wobei aus der Produktverteilung zu schließen war, daß die Glimmentladung bezüglich ihrer chemischen Wirkung eine Mittelstellung zwischen den Gruppen der kalten und der heißen elektrischen Entladungen einnimmt.
Abschließend wurde ein Überblick über den möglichen Reaktionsablauf in Zusammenhang mit dem elektrischen Entladungsmechanismus gegeben.

6. Anhang

6.1 Herstellung größerer Mengen von flüssigen Reaktionsprodukten

Für die eingehende analytische Untersuchung war es erforderlich, größere Mengen der nur in geringem Maße gebildeten flüssigen Reaktionsprodukte herzustellen.
Die verwendete Versuchsanordnung ist in der Abb. 20 (Seite 32) schematisch dargestellt. Das von der Vorratsflasche F_1 kommende Äthan strömt durch einen Gasmesser G und

ein Regelventil R und wird dann durch eine Bohrung in der Anode A in das Entladungsrohr E eingeblasen. Durch die ringförmig angeordnete Kathode K strömt das Gas unmittelbar in die Kühlfalle X, wo die Reaktionsprodukte – außer Methan und Wasserstoff – ausgefroren werden. Das nicht kondensierte Gas strömt dann weiter durch ein Drosselventil D zur Vakuumpumpe P. Die Druckmessung erfolgt auch hier mit einem Membranvakuummeter T.

Zur Erzielung einer hohen Stromstärke wurde eine mit einem Spaltsystem gegen den Isolator abgeschirmte wassergekühlte Kathode verwendet. Diese Anordnung, die erstmals von BERGHAUS [45] eingesetzt wurde, gestattet eine Glimmentladung bis in den Amperebereich mehrere Stunden stabil zu betreiben [5, 28].

Folgende Versuchsbedingungen haben sich als besonders günstig erwiesen:

Spannung U	650 V (=)
Stromstärke I	1,0 A
Durchflußmenge Q	0,5 Nl/min
Druck P	5,0 Torr

Nach Beendigung des Versuches wurden 50 ml Diäthyläther aus dem Kolben H in die Kühlfalle X überdestilliert. Anschließend wurde das Ventil V geschlossen und die Apparatur mit Kohlendioxid – aus der Vorratsflasche F_2 – gefüllt.

Danach wurde die Kühlfalle abgenommen und die bei 25°C flüchtigen Anteile im CO_2-Strom abdestilliert. Die resultierende ätherische Lösung wurde dann zur Entfernung von Kohlenstoff filtriert und für weitere analytische Untersuchungen verwendet.

6.2 Untersuchung der Reaktionen in getrennten Entladungszonen

Im Rahmen weiterer Untersuchungen über die Reaktionen von Kohlenwasserstoffen in Glimmentladungen wurde die Wirkungsweise der einzelnen Entladungszonen ermittelt.

Da über diese Arbeiten gesondert berichtet wird, sollen hier nur einige Anmerkungen qualitativer Art gemacht werden.

Die verwendete Versuchsanordnung ist in der Abb. 22 (Seite 33) schematisch dargestellt.

Sie ist dadurch gekennzeichnet, daß das Äthan in der Mitte des Entladungsrohres eingeblasen wird, und das durch den geteilten Gasstrom a) eine Hälfte des Gases durch die positive Säule und die kathodischen Entladungsteile und b) die andere Hälfte durch die positive Säule und die anodischen Entladungsbereiche geführt wird.

Die Analyse der gebildeten Produktgewinne ergab, daß aromatische Kohlenwasserstoffe nur bei Kontakt des Gases mit der kathodischen Entladungszone erhalten wurden.

7. Literaturverzeichnis

[1] THOMAS, CH. L., G. EGLOFF und J. C. MORELL, Chem. Rev. **28**, 1 (1941).
[2] ANDREJEW, D. N., Uspecki Chimii **6**, 1540 (1937).
[3] RUMMEL, T., Hochspannungselektrochemie und ihre industrielle Anwendung. München 1951.
[4] KAPZOW, N. A., Elektrische Vorgänge in Gasen und im Vakuum. Berlin 1955.

[5] ECKERT-REESE, G., und H. W. ECKERT, Über das Verhalten von Methan in einer stromstarken Glimmentladung. Techn. Bericht GFG, Köln 1963 Forschungsbericht in Vorbereitung.
[6] KEHLEN, H., Chem. Techn. **13**, 386 (1961).
[7] BAUMANN, P., Ang. Chem. **B 20**, 257 (1948).
[8] FUGIO, CH., Bull. Soc. Chim. Japan, **5**, 249 (1930).
[9] AMEMIYA, T., J. Fuel Soc. Japan **17**, 89 (1938).
[10] BRAND, W. L., Chemistry **31**, 11 (1957), C. A. **1959**, 6748.
[11] ECKERT-REESE, G., und H. W. ECKERT, Aus unveröffentlichten Arbeiten d. Institutes f. Glimmentladungsforschung
[12] BERTHELOT, M., Bull. Soc. Chim. Fr. (2) **26**, 103 (1876). C.r. **82**, 1362 (1876), **126**, 576, 692 (1898). Ann. chim. phys. (5) **12**, 450 (1877), (7) **16**, 32 (1890), zit. nach (1).
[13] LIND, S. C., und G. GLOCKLER, J. Am. Chem. Soc. **51**, 2811 (1929).
[14] LIND, S. C., und G. GLOCKLER, J. Am. Chem. Soc. **52**, 4450 (1930).
[15] DE SAINT-AUNAY, R. V., Chim. et Ind. **29**, 1011 (1933).
[16] LIND, S. C., und G. R. SCHULTZE, J. Phys. Chem. **42**, 547 (1938).
[17] PARILL, J. H., und W. G. EVERSOLE, Ind. Eng. Chem. **33**, 1316 (1941).
[18] KOLLER, D. K., Chim. tverd. topl. **7**, 808 (1936), **8**, 67 (1937).
[19] BALANDIN, A., und A. LIEBERMANN, Utscheniye Sapisski **2**, 209 (1934); C. 1935, II, 1525.
[20] LOUVAT, B., G. TELLER und J. B. ADLOFF, Bull. Soc. Chim. Fr. **1963**, 2606.
[21] VASTOLA, F. J., und J. P. WIGHTMAN, J. appl. Chem. **14**, 69 (1964).
[22] KÖLBEL, J., Die Kennzeichen stromstarker Glimmentladungen. Techn. Bericht GFG, Köln 1964.
[23] WESTPHAL, W. H., Physik, Berlin 1950, S. 357f.
[24] MIE, G., Lehrbuch der Elektrizität und des Magnetismus. Stuttgart 1948, S. 250f.
[25] BROCKES, A., und R. KAISER, Naturw. **43**, 53 (1956).
[26] HUMMEL, D., Privatmitteilung, Köln 1963.
[27] ECKERT-REESE, G., Aus unveröffentlichten Arbeiten des Institutes für Glimmentladungsforschung.
[28] ECKERT, H. W., und G. ECKERT-REESE, Über die Bildung von C_2- und C_3-Kohlenwasserstoffen in einer stromstarken Glimmentladung. Techn. Bericht GFG, Köln 1963. Forschungsbericht in Vorbereitung.
[29] STEACI, E. W. R., Atomic and Radical Reactions. New York 1954.
[30] KOFFEL, M. B., und R. A. LAD, J. Chem. Phys. **16**, 420 (1948).
[31] TURKEVICH, J., L. FRIEDMAN, E. SOLOMON und F. M. WHRIGHTSON, J. Am. Chem. Soc. **70**, 2640 (1948).
[32] FIELD, F. H., und J. L. FRANKLIN, Electron Impact Phenomena. New York 1957.
[33] MELTON, CH., E., J. Chem. Phys. **37**, 562 (1962).
[34] STIEF, L. J., und P. AUSLOOS, J. Chem. Phys. **36**, 2904 (1962).
[35] DORFMAN, L. M., J. Phys. Chem. **62**, 29 (1958), **60**, 826 (1956).
[36] WILLIAMS, N. T., u. H. ESSEX, J. Chem. Phys. **17**, 995 (1949).
[37] WALKER, D. C., und R. A. BACK, J. Chem. Phys. **38**, 1526 (1963).
[38] DAVISON, W. H. T., Chem. Soc. Publ. Nr. 9, 15 (1958).
[39] GILLIS, H. A., J. Phys. Chem. **67**, 1399 (1963).
[40] KNEWSTUBB, P. F., Mass Spectrometry of Ions from Electric Discharges, Flames and other Sources. In: F. W. McLafferty, Mass Spectrometry of Organic Ions. New York 1963.
[41] MELTON, CH. E., Ion Molecule Reactions. In: F. W. McLafferty, Mass Spectrometry of Organic Ions. New York 1963.
[42] FUCHS, R., Z. Naturforsch. **16a**, 1026 (1961).
[43] YANG, K., und P. J. MANNO, J. Am. Chem. Soc. **81**, 3507 (1959).
[44] BARKER, R., W. H. HAMILL und R. R. WILLIAMS, J. Phys. Chem. **63**, 825 (1959).
[45] BERGHAUS, B., Schw. Patente 6363, 35434, 47052, 99755, 291098, 291337

8. Abbildungen

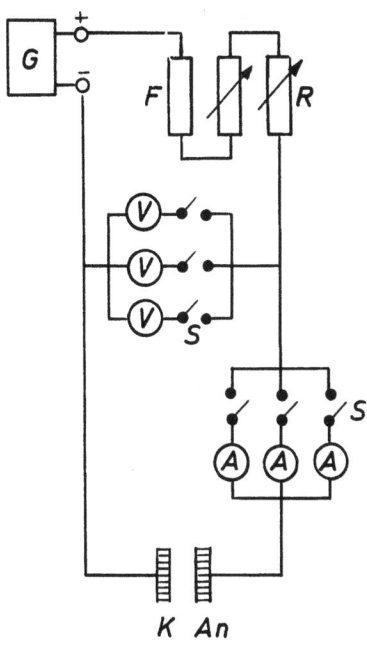
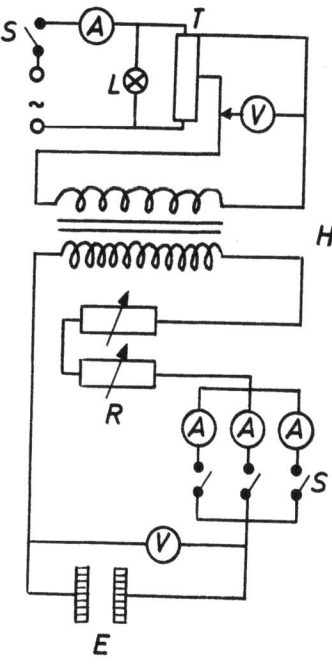

Abb. 1 Schaltbild (Gleichstrom)
    A Amperemeter
    An Anode
    F Festwiderstand
    G Gleichrichter
    K Kathode
    R Regelwiderstand
    S Schalter
    V Voltmeter

Abb. 2 Schaltbild (Wechselstrom)
    A Amperemeter
    E Elektrode
    H Hochspannungstransformator
    L Kontroll-Lampe
    R Regelwiderstand
    S Schalter
    T Regeltransformator
    V Voltmeter

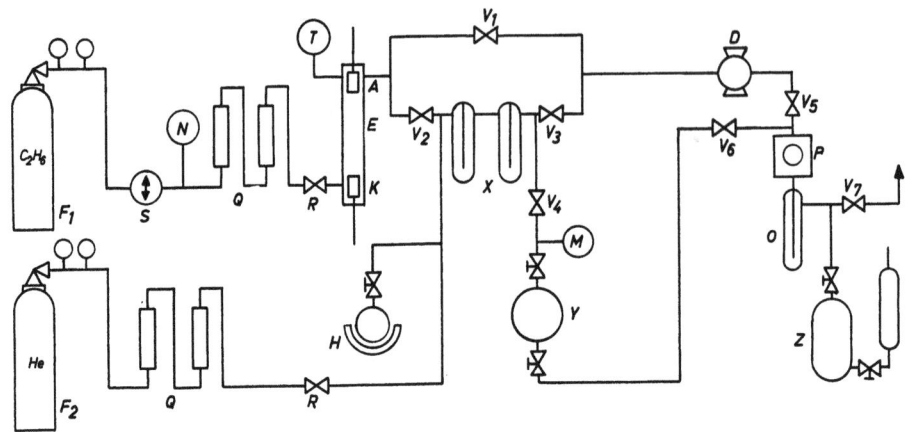

Abb. 3 Schematische Darstellung der Versuchsanordnung [I]

A	Anode	D	Drosselventil	E	Entladungsrohr
F	Gasflasche	K	Kathode	M	Manometer
N	Ausgleichmanometer	O	Ölabscheider	P	Vakuumpumpe
Q	Trockenturm	R	Regelventil	S	Strömungsmesser
T	Vakuummeter	V	Absperrventil	W	Rundkolben m. Heizkorb
X	Kühlfalle	Y	Gassammelgefäß	Z	Gassammelröhre

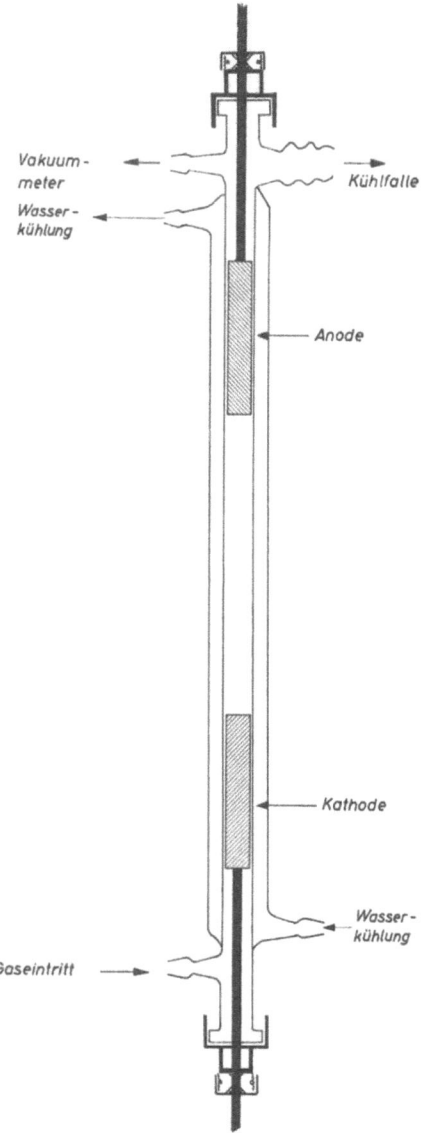

Abb. 4   Schematische Darstellung des Entladungsrohres (mit Hohlelektroden)

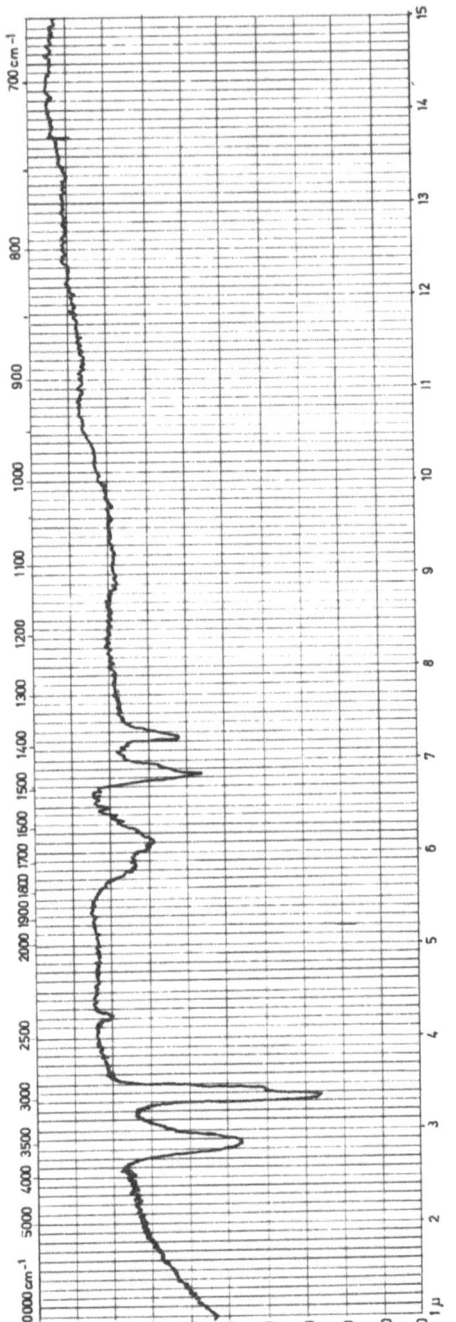

Abb. 5 IR-Spektrum des gebildeten Festkörpers

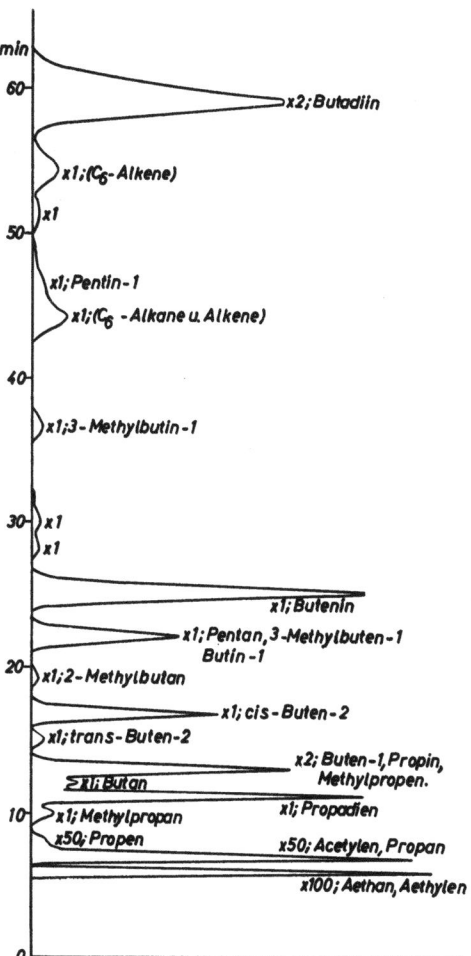

Abb. 6 Gaschromatogramm der gasförmigen Reaktionsprodukte an Dibutylphthalat
Säulenlänge: 7,5 m
Säulendurchmesser: 6,3 mm
Säulenfüllung: 20% Dibutylphthalat auf Firebrick
Temperatur: 30°C
Druck: 2,5 kg/cm^2
Trägergas: He

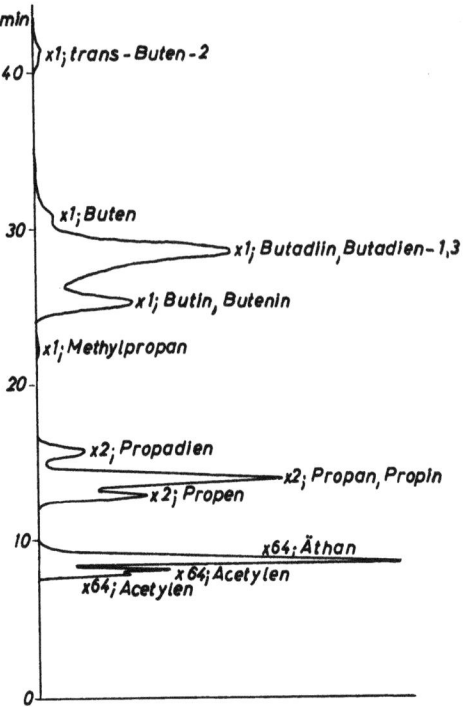

Abb. 7 Gaschromatogramm der gasförmigen Reaktionsprodukte an Squalan
Säulenlänge: 6,4 m
Säulendurchmesser: 8 mm
Säulenfüllung: 20% Squalan auf Sterchamol
Temperatur: 25°C
Druck: 1 kg/cm^2
Trägergas: He

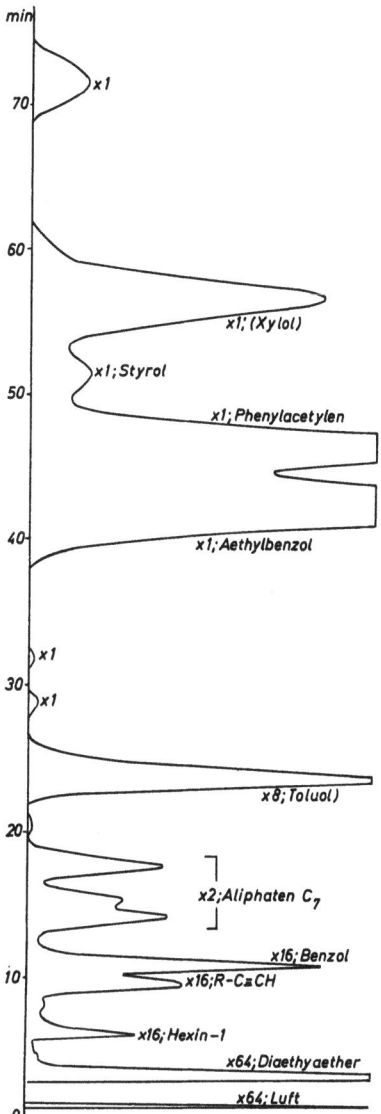

Abb. 8 Gaschromatogramm der flüssigen Reaktionsprodukte an Squalan
  Säulenlänge: 4,0 m
  Säulendurchmesser: 4,0 mm
  Säulenfüllung: 20% Squalan auf Sterchamol
  Temperatur: 100° C
  Druck: 0,8 kg/cm^2
  Trägergas: He

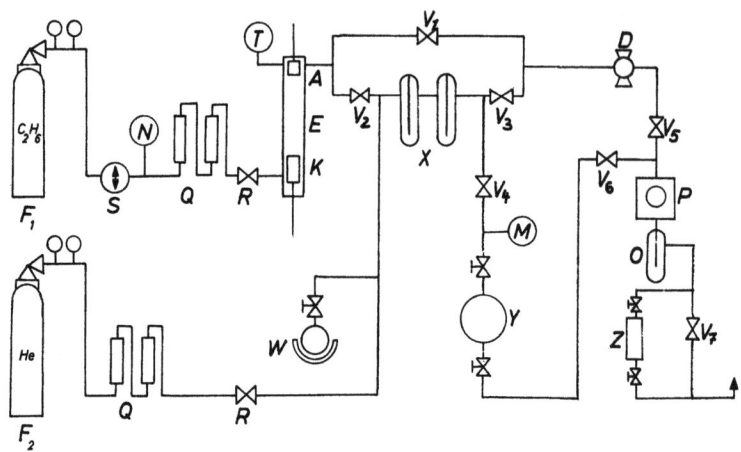

Abb. 9 Schematische Darstellung der Versuchsanordnung

A	Anode	D	Drosselventil	E	Entladungsrohr
F	Gasflasche	K	Kathode	M	Manometer
N	Ausgleichsmanometer	O	Ölabscheider	P	Vakuumpumpe
Q	Trockenturm	R	Regelventil	S	Strömungsmesser
T	Vakuummeter	V	Absperrventil	W	Rundkolben m. Heizkorb
X	Kühlfalle	Y	Gassammelgefäß	Z	Gasometer mit Niveauausgleichgefäß

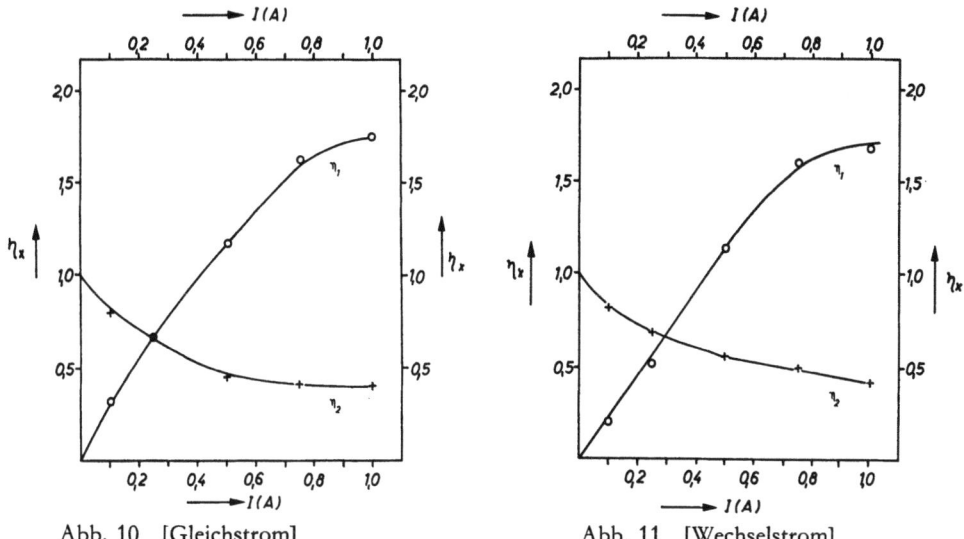

Abb. 10 [Gleichstrom]   Abb. 11 [Wechselstrom]

Abb. 10 und 11 Ausbeute η_x [l Produkt / l Äthan] in Abhängigkeit von der Stromstärke I(A)
  η_1 nicht kondensierte Gase (Methan und Wasserstoff)
  η_2 kondensierte Gase
       (C_2—C_4-Reaktionsprodukte und überschüssiges Äthan)

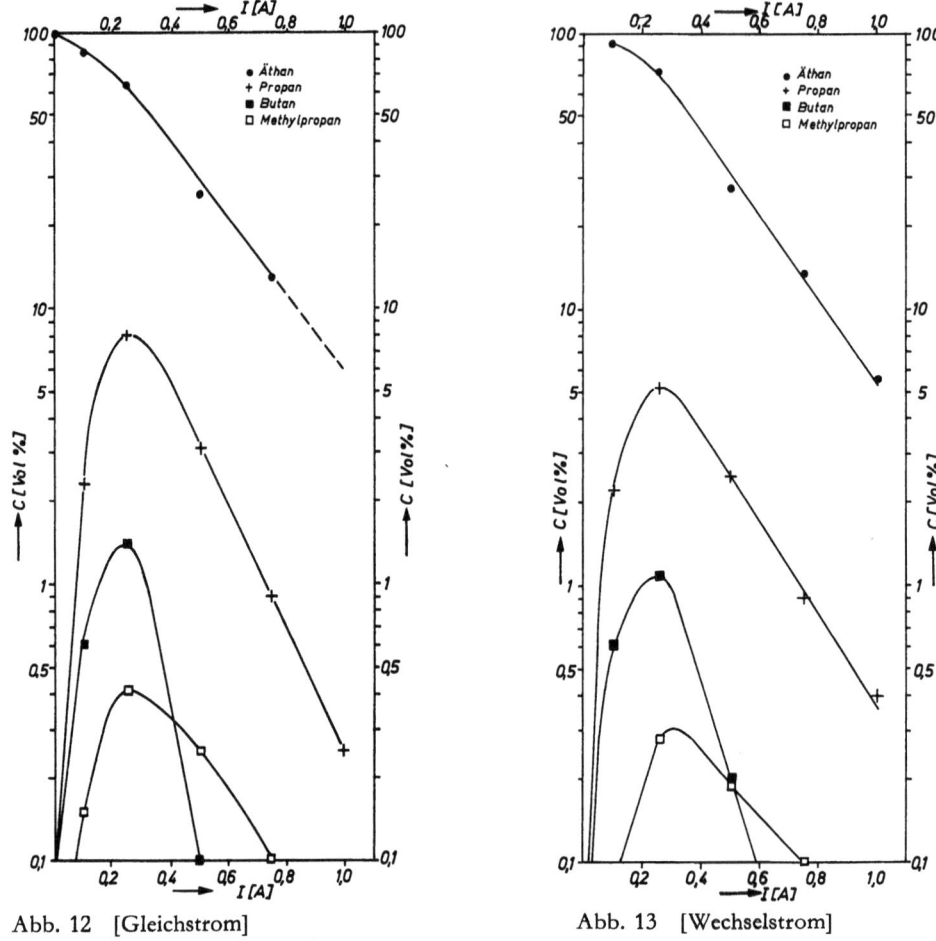

Abb. 12 [Gleichstrom]   Abb. 13 [Wechselstrom]

Abb. 12 und 13   Prozentualer Anteil der Alkane im ausgefrorenen Produktgemisch in Abhängigkeit von der Stromstärke

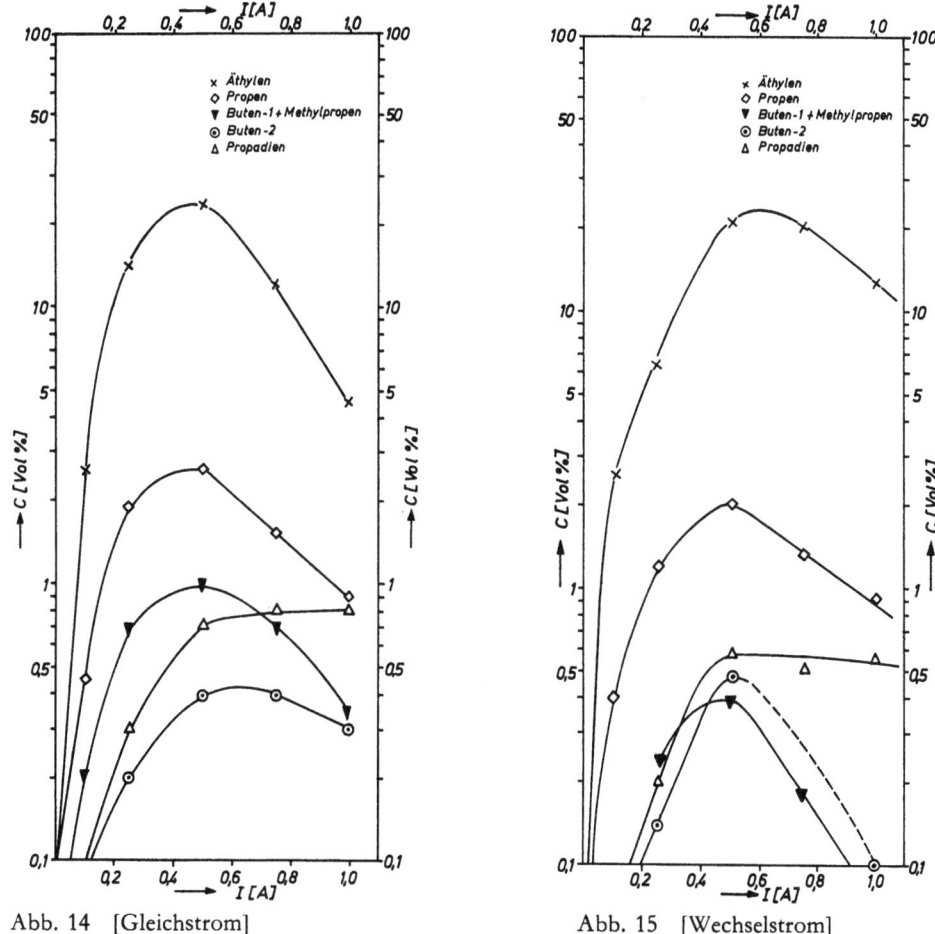

Abb. 14 [Gleichstrom] Abb. 15 [Wechselstrom]

Abb. 14 und 15 Prozentualer Anteil der Alkene im ausgefrorenen Produktgemisch in Abhängigkeit von der Stromstärke

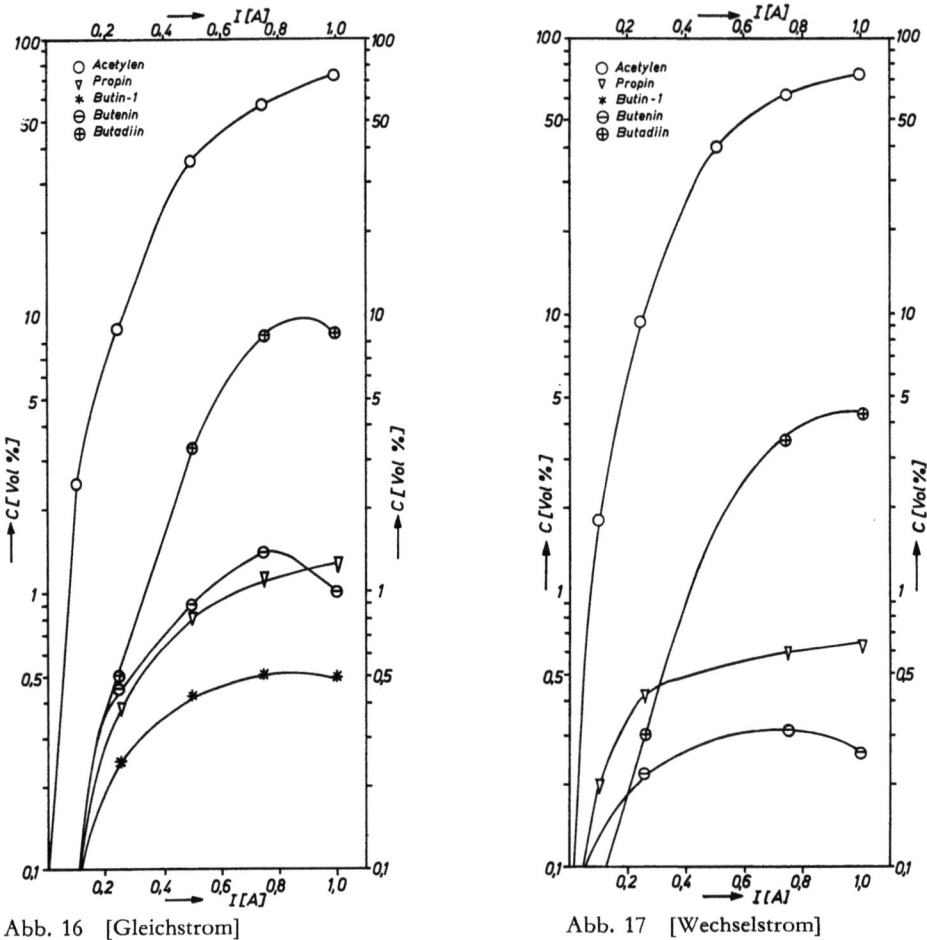

Abb. 16 [Gleichstrom]   Abb. 17 [Wechselstrom]

Abb. 16 und 17 Prozentualer Anteil der Alkine im ausgefrorenen Produktgemisch in Abhängigkeit von der Stromstärke

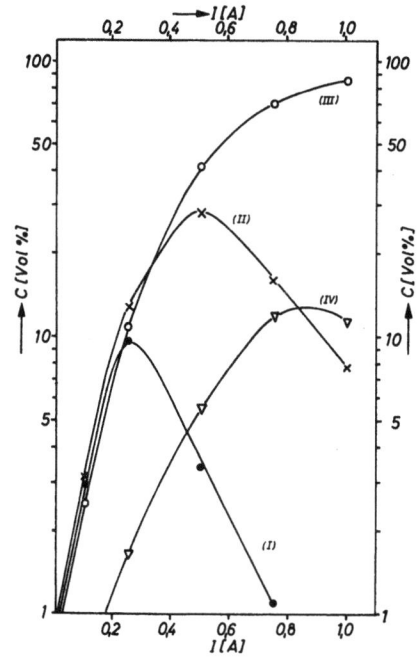
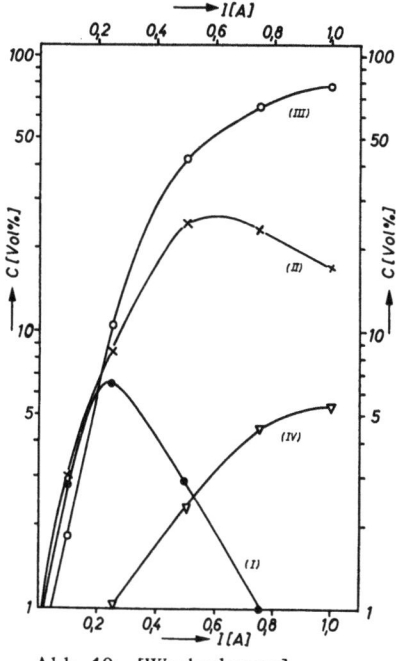

Abb. 18 [Gleichstrom]   Abb. 19 [Wechselstrom]

Abb. 18 und 19

Prozentuale Zusammensetzung des ausgefrorenen Produktgemisches (nach Gruppen) in Abhängigkeit von der Stromstärke

(I) $\Sigma\,C_{Alkane} = C_{Propan} + C_{Butan} + C_{Methylpropen}$

(II) $\Sigma\,C_{Alkene} = C_{Äthylen} + C_{Propen} + C_{Buten-1}$
      $\phantom{\Sigma\,C_{Alkene} =} + C_{Buten-2} + C_{Methylpropen} + C_{Propadien}$

(III) $\Sigma\,C_{Alkine} = C_{Acetylen} + C_{Propin} + C_{Butin}$
      $\phantom{\Sigma\,C_{Alkine} =} + C_{Butenin} + C_{Butadiin}$

(IV) $\Sigma\,C_{Alkine} - C_{Acetylen} = C_{Propin} + C_{Butin} + C_{Butenin}$
      $\phantom{\Sigma\,C_{Alkine} - C_{Acetylen} =} + C_{Butadiin}$

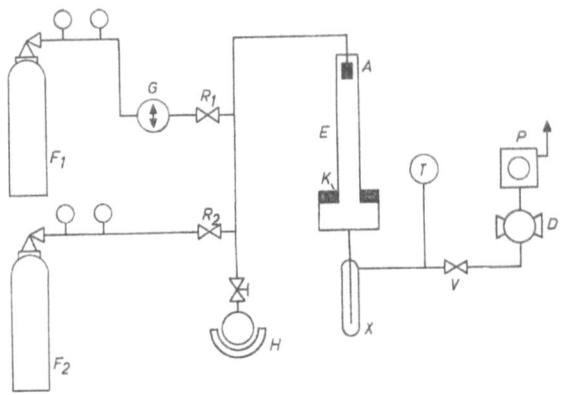

Abb. 20 Schematische Darstellung der Versuchsanordnung
    A Anode   D Drosselventil   E Entladungsrohr
    F Gasflasche   G Gasmesser   H Rundkolben m. Heizkorb
    P Vakuumpumpe   K Kathode   R Regelventil
    T Vakuummeter   V Absperrventil   X Kühlfalle

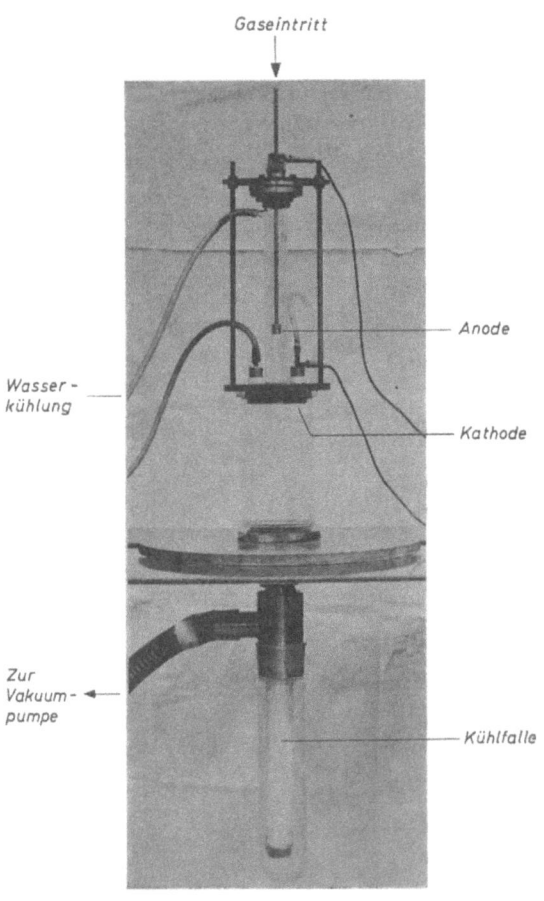

Abb. 21 Entladungsrohr mit Kühlfalle

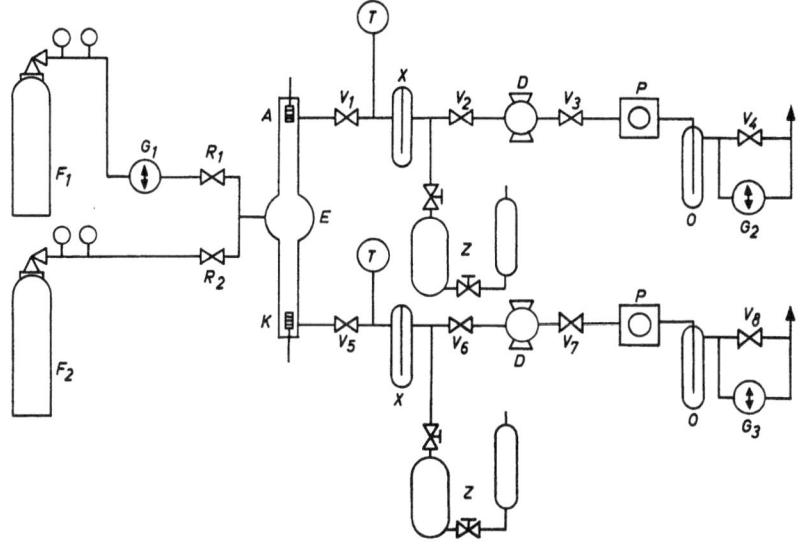

Abb. 22 Schematische Darstellung der Versuchsanordnung
- A Anode
- F Vorratsflasche
- O Ölabscheider
- T Vakuummeter
- Z Gasometer
- D Drosselventil
- G Gasmesser
- P Vakuumpumpe
- V Absperrventil
- E Entladungsrohr
- K Kathode
- R Regelventil
- X Kühlfalle

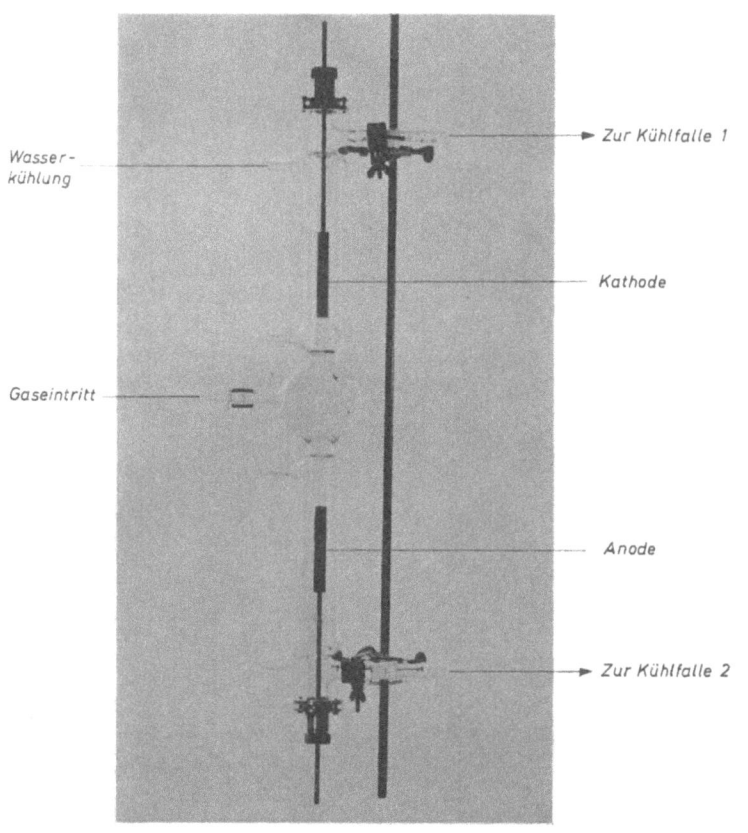

Abb. 23 Entladungsrohr mit geteilter positiver Säule

Forschungsberichte des Landes Nordrhein-Westfalen

Herausgegeben im Auftrage des Ministerpräsidenten Heinz Kühn
von Staatssekretär Professor Dr. h. c. Dr. E. h. Leo Brandt

Sachgruppenverzeichnis

Acetylen · Schweißtechnik
Acetylene · Welding gracitice
Acétylène · Technique du soudage
Acetileno · Técnica de la soldadura
Ацетилен и техника сварки

Arbeitswissenschaft
Labor science
Science du travail
Trabajo científico
Вопросы трудового процесса

Bau · Steine · Erden
Constructure · Construction material ·
Soil research
Construction · Matériaux de construction ·
Recherche souterraine
La construcción · Materiales de construcción ·
Reconocimiento del suelo
Строительство и строительные материалы

Bergbau
Mining
Exploitation des mines
Minería
Горное дело

Biologie
Biology
Biologie
Biologia
Биология

Chemie
Chemistry
Chimie
Quimica
Химия

Druck · Farbe · Papier · Photographie
Printing · Color · Paper · Photography
Imprimerie · Couleur · Papier · Photographie
Artes gráficas · Color · Papel · Fotografía
Типография · Краски · Бумага · Фотография

Eisenverarbeitende Industrie
Metal working industry
Industrie du fer
Industria del hierro
Металлообрабатывающая промышленность

Elektrotechnik · Optik
Electrotechnology · Optics
Electrotechnique · Optique
Electrotécnica · Optica
Электротехника и оптика

Energiewirtschaft
Power economy
Energie
Energía
Энергетическое хозяйство

Fahrzeugbau · Gasmotoren
Vehicle construction · Engines
Construction de véhicules · Moteurs
Construcción de vehículos · Motores
Производство транспортных средств

Fertigung
Fabrication
Fabrication
Fabricación
Производство

Funktechnik · Astronomie
Radio engineering · Astronomy
Radiotechnique · Astronomie
Radiotécnica · Astronomía
Радиотехника и астрономия

Gaswirtschaft
Gas economy
Gaz
Gas
Газовое хозяйство

Holzbearbeitung
Wood working
Travail du bois
Trabajo de la madera
Деревообработка

Hüttenwesen · Werkstoffkunde
Metallurgy · Materials research
Métallurgie · Matériaux
Metalurgia · Materiales
Металлургия и материаловедение

Kunststoffe
Plastics
Plastiques
Plásticos
Пластмассы

Luftfahrt · Flugwissenschaft
Aeronautics · Aviation
Aéronautique · Aviation
Aeronáutica · Aviación
Авиация

Luftreinhaltung
Air-cleaning
Purification de l'air
Purificación del aire
Очищение воздуха

Maschinenbau
Machinery
Construction mécanique
Construcción de máquinas
Машиностроительство

Mathematik
Mathematics
Mathématiques
Matemáticas
Математика

Medizin · Pharmakologie
Medicine · Pharmacology
Médecine · Pharmacologie
Medicina · Farmacología
Медицина и фармакология

NE-Metalle
Non-ferrous metal
Metal non ferreux
Metal no ferroso
Цветные металлы

Physik
Physics
Physique
Física
Физика

Rationalisierung
Rationalizing
Rationalisation
Racionalización
Рационализация

Schall · Ultraschall
Sound · Ultrasonics
Son · Ultra-son
Sonido · Ultrasónico
Звук и ультразвук

Schiffahrt
Navigation
Navigation
Navegación
Судоходство

Textilforschung
Textile research
Textiles
Textil
Вопросы текстильной промышленности

Turbinen
Turbines
Turbines
Turbinas
Турбины

Verkehr
Traffic
Trafic
Tráfico
Транспорт

Wirtschaftswissenschaften
Political economy
Economie politique
Ciencias económicas
Экономические науки

Einzelverzeichnis der Sachgruppen bitte anfordern

Westdeutscher Verlag · Köln und Opladen
567 Opladen/Rhld., Ophovener Straße 1–3, Postfach 1620

MIX
Papier aus verantwortungsvollen Quellen
Paper from responsible sources
FSC® C105338

If you have any concerns about our products,
you can contact us on
ProductSafety@springernature.com

In case Publisher is established outside the EU,
the EU authorized representative is:
**Springer Nature Customer Service Center GmbH
Europaplatz 3, 69115 Heidelberg, Germany**

Printed by Libri Plureos GmbH
in Hamburg, Germany